ほんとうの大きさ

これは、どうぶつ園にいる どうぶつたちの ほんとうの大きさです。
野生のどうぶつなので、ちりょうには きけんなこともあります。
でも、こわいというきもちもひつようで、
じゅうぶんな じゅんびをして ちりょうしています。

大きさは、おおよそのものです。どうぶつによって ちがいがあります。

監修のことば

みなさんは、動物園に行ったことがありますか？ おそらく、一度も行ったことがないという人は、あまりいらっしゃらないのではないでしょうか？ でも、動物園の裏側を見たことがある人は、きっと少ないでしょう。

動物園にはいろいろな仕事があります。動物の世話をする飼育の仕事はもちろん、お客様の安全を守る警備、園内を清潔に保つ掃除、動物がすんでいる家の管理、園内に植えられている植物の世話など、まだまだあります。そうしたたくさんの仕事のひとつが動物園の獣医の仕事です。

そんな動物園の裏側で働く獣医の仕事が本になりました。イヌやネコなどのいつも人間と一緒にいるペットと違い、野生動物である動物園の動物は、触ることすらなかなかできません。そのため、診察や治療は難しいことが多いですが、とてもやりがいのある仕事です。

でも、動物園で働くスタッフは裏方で、動物園の主役は動物たちです。この本を見て、動物園の動物に今まで以上に興味を持っていただけたら、とてもうれしいです。

みなさんに、動物園の楽しみ方をこっそりお教えします。動物園に来るときは、ゆっくり見る動物を何かひとつ決めてください。もちろん、動物園にいる動物を全部見て回るのも楽しいものです。地球には、本当にいろいろな種類の動物がいるんだなということが、実感できると思います。

でも、動物たちの本当の魅力は、ぱっと見ただけではわからないことがたくさんあります。ひとつの動物を、ゆっくり時間をかけて見てください。思いもかけない動きやしぐさを見せてくれることがあります。たとえば、ケープハイラックスは、すべりやすい岩を登るときでも、まるで足がぴったり岩に張りついているかのように登ることができます。どうしてでしょう？ ぜひ、自分で調べてみてください。そして、もう一度ケープハイラックスに会いに来てください。もっと、いろいろなことがわかります。

たくさんの動物をいっぺんに見るより、ひとつの動物をゆっくり見たほうが、きっときっと楽しい発見がいっぱいありますよ。

植田 美弥（うえだ みや）
1963年（昭和38年）神奈川県生まれ。公益財団法人 横浜市緑の協会勤務。よこはま動物園ズーラシア獣医師。1988年、東京農工大学農学部獣医学科（現 共同獣医学科）卒業。民間の獣医科病院にて小動物臨床、サンシャイン国際水族館（現 サンシャイン水族館）、金沢動物園勤務を経て、1997年4月、よこはま動物園ズーラシアの開園準備スタッフとなり、現在に至る。日本野生動物医学会専門医協会認定専門医（動物園動物医学）。とくに、飼育下ペンギンの疾病の予防や診断などについての研究を続けている。著作に、光村図書国語教科書小学校2年生（上）「どうぶつ園のじゅうい」がある。

どうぶつのじょうほう

オグロワラビー ← どうぶつの名前
体長 ● 65〜85センチメートル ← ほにゅうるいは、はな先から尾のつけ根までの長さ／鳥は、くちばしの先から尾の先までの長さ
体重 ● 9〜20キログラム ← 体の重さ
分布 ● オーストラリア北東部の森 ← 野生のものが すんでいるばしょ
くらし ● 草や木の葉を食べて くらす。むれは つくらず、おもに 夜 かつどうする。カンガルーと同じように 赤ちゃんは、お母さんのおなかにある ふくろの中でせいちょうする。 ← 野生での 食べものや むれなど

どうぶつ園のじゅうい

びょうきや けがを なおすしごと

植田美弥 監修

金の星社

びょうきや けがを なおす しごと

どうぶつ園の中は
とても広いので、
じてんしゃで回り
ます。

わたしは、どうぶつ園のじゅういです。
どうぶつ園のどうぶつたちも、わたしたち人間と
同じように　びょうきになったり　けがをしたり
することが　あります。
それをなおすのは、どうぶつの　いしゃである
じゅういのしごとです。

どうぶつ園では、世かく地のどうぶつを
まぢかで見ることができます。

どうぶつびょういんの車も
かつやくしています。

びょうきや　けがを　なおすために、くすりをのませたり、ちゅうしゃをしたりします。くすりなどで　なおらないときは、しゅじゅつをすることもあります。

でも、どうぶつたちは、ぐあいがわるくても　教えてくれません。それどころか、びょうきや　けがを　かくそうともします。そのため、わたしたち　じゅういは　どうぶつたちを毎日見回り、元気かどうかをたしかめます。

また、びょうきや　けがをしてから　なおすのではなく、しいくいんさんたちと　きょうりょくして、びょうきや　けがを　ふせぐのも、じゅういの大切なしごとです。

インドライオンの　しゅじゅつをしたことも　あります。

チーター もうじゅうの血をとる

どうぶつ園のじゅういの しごとは、朝8時30分から はじまります。
今日は、まず さいしょに チーターの血を とりに来ました。

うんどう場のチーター。するどい歯が 見えています。

血をとる前に、ほかのチーターのようすも 見回りました。

チーター
体長 ●110〜140センチメートル
体重 ●40〜50キログラム
分布 ●アフリカと中近東の一部の草原
くらし ●むれは つくらない。じそく100キロメートルをこえるスピードで インパラなどをおそうが、長く走ることはできない。また、自分より大きいどうぶつは おそわない。

血をとろうと、わたしが近づくと「フー!」となり おこっています。

チーターは ぜつめつがしんぱいされている どうぶつです。「ぜつめつ」とは、ちきゅう上から そのどうぶつが1頭も いなくなることです。そのため、毎月 血をとってけんこうじょうたいを しらべています。

チーターは、ふだんは 広いうんどう場にいますが、血をとるときは、小さい おりに入れます。しいくいんさんに 尾をおさえてもらい、えさを食べているすきに いそいで血をとりました。

太い尾に ちゅうしゃのはりをさして、血をとりました。

ペンギン つつをかぶせて 血をとる

チーターのつぎは、ペンギンの血をとりに来ました。
ペンギンの血をとるのは、チーターのときより ちょっとくふうがひつようです。

ほかのペンギンは、プールで のんびりおよいでいます。

今日、けんさをするペンギンは、ひなのときの 血のけんさで、体の中に ばいきんがいることが わかったので、くすりをのませて ちりょうをしていました。
それから1か月ほどたったので、よくなったかどうか もう1ど 血をとって しらべるのです。

しいくいんさんが けんさをする
ペンギンを つれてきました。

ペンギンが あばれないように、つつの中に入れます。

ペンギンがおちつくように、つつの上に バケツをかぶせます。

つつの下から 足を出して、ちゅうしゃきで血をとります。

フンボルトペンギン
体長●65〜70センチメートル　体重●4.5キログラム
分布●南アメリカの太平洋岸　くらし●むれでくらし、魚を丸のみにして食べる。岩のわれ目や土に あなをほって すをつくり、オスとメスで きょうりょくして、子そだてをする。

もうおわりだよ。
よくがまんしたね。

とった血を　しらべる

チーターとペンギンの　血をとったあと、べつのたてものにある　けんさしつに　来ました。
ここで、血のけんさをします。血をくわしくしらべることで、
どうぶつが　びょうきにかかっているかどうかなどが　わかります。

とってきた血を、少しずつ　いくつかのケースに分けて　入れます。

けんさしつには、いくつものきかいが　あります。
とってきた血を、けんびきょうで大きくして見たり、
きかいをつかって　血のじょうたいを　しらべたり
します。

かんさつしやすくするために、血の中の
せいぶんに　色をつけます。

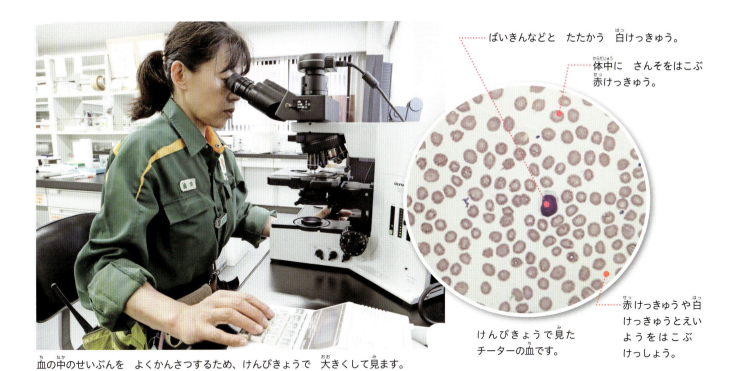

ばいきんなどと たたかう 白けっきゅう。

体中に さんそをはこぶ 赤けっきゅう。

けんびきょうで見た チーターの血です。

赤けっきゅうや白 けっきゅうとえい ようをはこぶ けっしょう。

血の中のせいぶんを よくかんさつするため、けんびきょうで 大きくして見ます。

けっしょうを くわしくしらべるために、血から けっしょうだけを分ける きかいにかけます。

分けた けっしょうを くわしくしらべる きかいに入れます。

くわしくしらべたけっか、ペンギンの体の中にあった ばいきんは、いなくなっていることがわかりました。
チーターも、けんこうじょうたいが よいことがわかり、ひとあんしんです。

けんさけっかは きろく用紙に書きこんでおきます。あとで、だれが見ても すぐわかるようにするためです。

ワラビー 歯ぐきのようすは どうかな？

つぎは、ワラビーのいる うんどう場に来ました。
ワラビーは、歯ぐきの びょうきにかかることがあるので、ようすを見ます。

ワラビーは、日かげで 休んでいました。

見たところ けんこうそうです。しいくいんさんに 話を聞くと、歯ぐきも もんだいないというので、あんしんしました。

オグロワラビー

体長● 65～85センチメートル
体重● 9～20キログラム
分布● オーストラリア北東部の森
くらし● 草や木の葉を食べて くらす。むれは つくらず、おもに 夜 かつどうする。カンガルーと同じように 赤ちゃんは、お母さんのおなかにある ふくろの中でせいちょうする。

こんなことがありました　ワラビー

ワラビーは、歯をぬいたことがあります。
歯ぐきに ばいきんが入ったためです。

ほうっておくと、ばいきんが 体の中に入って、しんでしまうこともあります。どうぶつのばあいはあばれないように、歯をぬくだけでもぜんしんますいをかけて ねむらせます。

マスクで ますいをかけ、ぐっすりねむらせました。

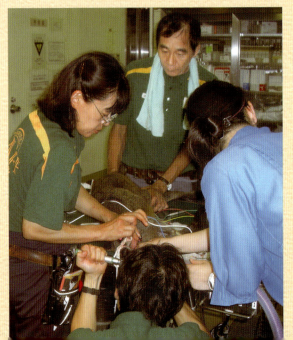

だめになった歯をぬいて、歯ぐきの ちりょうをしました。

カンガルー ちゅうしゃをする

つぎは、カンガルーに ちゅうしゃをしに来ました。
はなのおくに ばいきんが入って、はな水が 出ているからです。

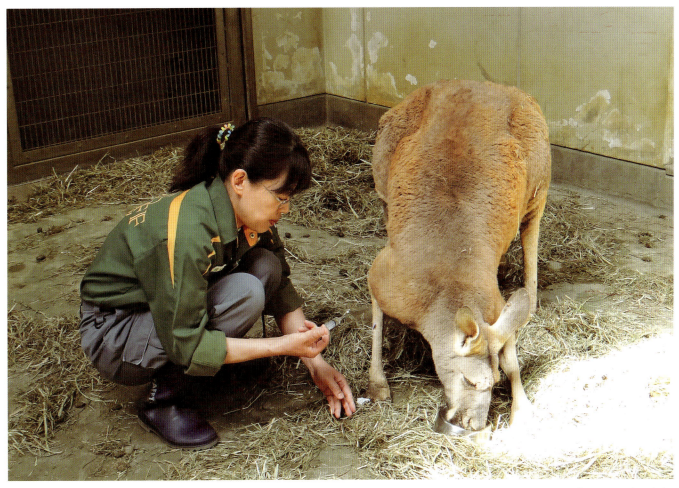

おとなしいと、ちりょうも あんぜんに おこなえます。

おとなのカンガルーは 力が強いので、ちりょうをするときは 4～5人で おさえなくてはなりません。ところが、このカンガルーは とてもおとなしく、ちゅうしゃをしても あばれません。小さいときから体が弱く、何ども びょうきをしているので、ちりょうされることになれているのです。
えさを食べているすきに、前足にちゅうしゃをしました。

アカカンガルー
- 体長 ● オス 140、メス 120 センチメートル
- 体重 ● オス 80、メス 25 キログラム
- 分布 ● オーストラリアの草原
- くらし ● 小さなむれをつくり、草を食べてくらしている。大きな尾でバランスをとり後ろ足でジャンプしながら走る。赤ちゃんは とても小さく、お母さんのおなかにある ふくろの中でせいちょうする。

こんなことがありました
カンガルー

2016年の9月に、おとなのオスのカンガルーのけがの ちりょうをしました。とても大きくて力が強いので、ますいをかけるのも ひとくろうでした。

カンガルーは 後ろ足の力が とても強く、メスをめぐりオスどうしで けりあうことがあります。

その日、ほかのどうぶつを 見回っていたとき、むせんきに れんらくが入りました。おとなのオスのカンガルーが、足に けがをしたというのです。どこかに ぶつけたようです。いそいで カンガルーの家に行きました。

けがをしたカンガルーを　しいくいんさんが　5人がかりでおさえて、マスクで　ますいをかけました。

ますいがきいて　ねむっています。
足のほねが　きずついていたので、
ちりょうしました。

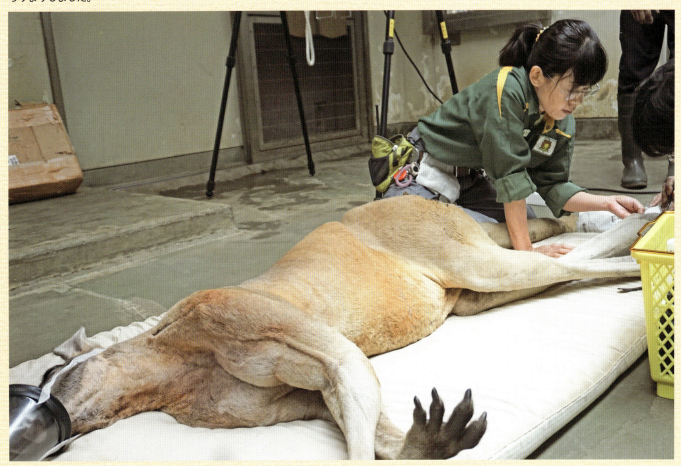

いたみどめと　ばいきんをたいじする　ちゅうしゃをしました。よくなるように、そのあとも　ちりょうをつづけています。

ライオン 百(ひゃく)じゅうの王(おう)

つぎに、ライオンを見(み)回(まわ)りました。ライオンは、体(からだ)が大(おお)きく強(つよ)いので、「百(ひゃく)じゅうの王(おう)」とよばれています。でも、びょうきになったり けがをしたりすることも あります。

オスライオンには、りっぱなたてがみがあります。

うんどう場(じょう)で、オスライオンが ゆうゆうと 歩(ある)いていました。メスライオンは、大(おお)きな口(くち)をあけて あくびをしていました。見(み)たところ けんこうそうです。
しいくいんさんに話(はなし)を聞(き)くと、えさもよく食(た)べ、元気(げんき)にしているそうなので、あんしんしました。

メスはオスより少(すこ)し小(ちい)さくて、たてがみはありません。

ライオン
- 体長(たいちょう)●オス 2.6〜3.3、メス 2.4〜2.7 メートル
- 体重(たいじゅう)●オス 150〜240、メス 130〜180 キログラム
- 分布(ぶんぷ)●アフリカ
- くらし●オス 1〜3 頭(とう)、メス 4〜6 頭(とう)と その子(こ)どもたちで、むれをつくってくらす。草食(そうしょく)どうぶつを おそって食(た)べる。かりは、おもにメスがおこない、オスは むれをまもる。

インドライオン　しゅじゅつ後も　元気かな？

つぎは、インドライオンの家に来ました。
前に　しゅじゅつをしたので、ようすを見るためです。

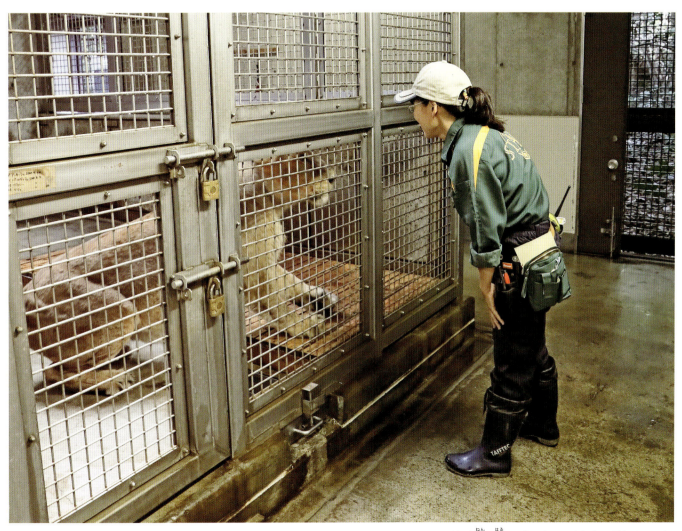

2016年の春に　しゅじゅつをした　ガウリーです。

しゅじゅつをしたのは、メスのインドライオンです。近づくと、いたいことをされたのをおぼえているのでしょうか。大きな声で　ほえました。そのほかには　かわったようすはありません。毛なみもいいし　元気にしているようなので　あんしんしました。

インドライオン
- 体長 ● 1.5〜2.5メートル
- 体重 ● 120〜200キログラム
- 分布 ● インド北西部の森
- くらし ● インドにすむライオン。アフリカのライオンより小さく、体の色がうすく　たてがみがみじかい。草食どうぶつだけでなく、こんちゅうやトカゲなども食べる。

こんなことが ありました

インドライオン

インドライオンの しゅじゅつのようすを、2つ しょうかいしましょう。

おりの外の あんぜんなばしょから、ますいじゅうで ライオンに ますいをかけました。

これは 2014年におこなった、メスのインドライオン サティの しゅじゅつの日のようすです。サティは、おなかの中にあるしきゅうというふくろに うみがたまるびょうきになりました。
くすりや ちゅうしゃでは なおせなかったので、しゅじゅつをすることになりました。
ますいをかけて おなかを切り、しきゅうをとり出しました。

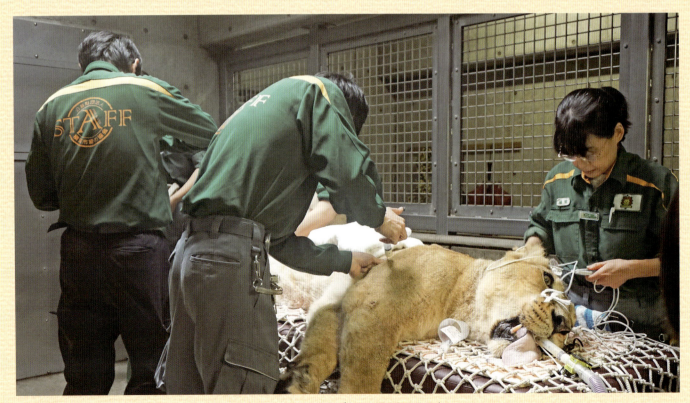

ますいがかかっていることを かくにんしてから、しゅじゅつの じゅんびをしているところです。

こちらは 2016年におこなった、メスのインドライオン ガウリーの しゅじゅつのようすです。
ガウリーも、サティと同じびょうきでした。

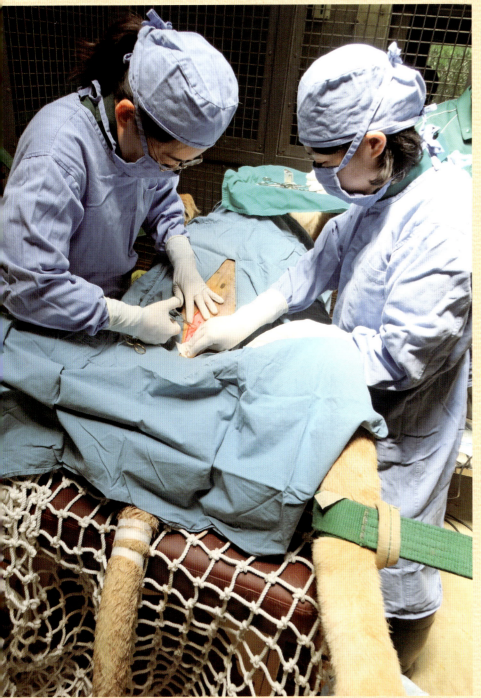

ますいのきいたガウリーを あおむけにねかせています。しきゅうを とり出して、きず口を はりと糸で ぬいました。ばんそうこうは はりません。ますいが さめたら、すぐに とってしまうはずだからです。

しゅじゅつは どちらも うまくいきました。ライオンたちは、しゅじゅつのあと しばらくは じっとしていましたが、2〜3日すると いつものように 元気にうごくようになりました。

モルモット いろいろな ちりょう

昼休みの前に、モルモットの家に来ました。前にしゅじゅつをした モルモットのようすを見たり、びょうきの モルモットの ちりょうをしたりするためです。

モルモットは 1頭ずつ色やもようが ちがうように、せいかくも けんこうじょうたいも それぞれちがいます。

たくさんのモルモットがいます。そのなかから しいくいんさんが、しゅじゅつをしたモルモットと、びょうきのモルモットを つれてきました。じゅんばんに ちりょうをしていきます。

このモルモットは、おっぱいにできた こぶをとるしゅじゅつをしました。しゅじゅつから 1しゅうかんほどたったので、きずのようすを 見ました。きれいになおっているので ほっとしました。

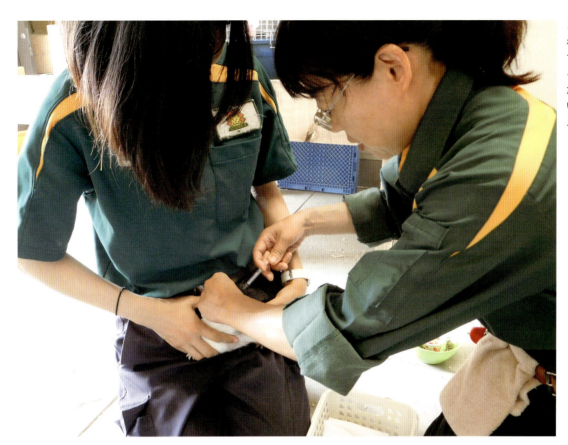

このモルモットは、首がはれるびょうきに なったので、ばいきんを たいじする ちゅうしゃをしました。あばれるので、しいくいんさんに しっかりおさえてもらいました。

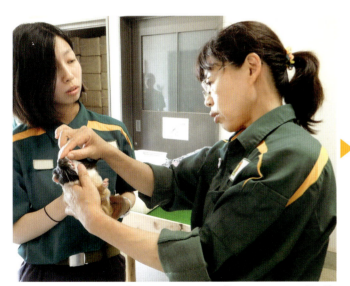

こちらのモルモットは、歯ぐきに ばいきんが 入ったようです。口の中を見ると、はれていました。

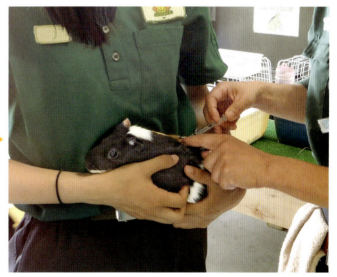

ばいきんを たいじするための ちゅうしゃをしました。このモルモットは おとなしくて、ちゅうしゃをしても あばれませんでした。

モルモット（テンジクネズミ）

体長 ● 20 ～ 40 センチメートル　体重 ● 0.5 ～ 1.5 キログラム
原産地 ● 南アメリカの太平洋岸
くらし ● 野生のものは 南アメリカにいたが、今は 野生のものはいない。草などを食べる。かいやすいので、世界中で ペットとして かわれている。

しょうかい！ じゅういの しごとどうぐ

どうぶつ園のじゅういが いつも みにつけているものや、ちりょうにつかう どうぐなどを しょうかいしましょう。

いつでもすぐに ちりょうができるように、いろいろな どうぐを みにつけています。たくさんの どうぐが ひつような ちりょうをするときは 車につんで むかいます。

ペンチ
ますいじゅうの はりをつけるときなどにつかいます。

えだ切りばさみ
どうぶつの えさにする 葉がついた えだを切るときなどにつかいます。

はんこ
きろく用紙などに おします。だれが きろくしたか わかるようにするためです。

むせんき

ペン

スタッフどうし、むせんきでれんらくをとります。

いつもつけているベルトです。ちりょうのあとは、かならず手を あらうので、タオルも はさんでいます。

とけい
わたしは うでどけいではなく、下げるタイプのものをつかっています。

たいおんけい
どうぶつの ねつを はかります。

てちょう
ちりょうのよていや、見回ったどうぶつのようすを書きます。

つめ切り
どうぶつの つめなどを切ります。

かぎ
どうぶつの へやや、しゅじゅつしつのものなど たくさんあります。

小さな ようき
どうぶつの血などを入れます。

ビニールぶくろ
しらべるために、どうぶつの ふんをもちかえるときなどに つかいます。

しょうどくやく
ちりょうにつかうどうぐや 自分の手を しょうどくします。

カメラ
どうぶつのようすをさつえいします。

ちゅうしゃきの はり
いろいろな 長さや 太さのものが あります。

ちゅうしゃき
体にくすりを入れるときや、血をとるときに つかいます。

目ぐすり
ますいをかけられた どうぶつは 目があいたままになるので、目がかわくのをふせぐために つかいます。

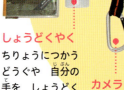

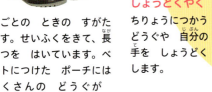

しごとの ときの すがたです。せいふくをきて、長ぐつを はいています。ベルトにつけた ポーチにはたくさんの どうぐが 入っています。

じてんしゃ
どうぶつ園の中を いどうするときに つかいます。

どうぶつびょういんの車
にもつが 多いときや、おおぜいで いどうするときに つかいます。

後ろの にもつしつには、ちりょうするどうぶつを ケージに入れて のせることもあります。

ちりょうに つかう どうぐや くすりなどを まとめて のせています。

ますいじゅう
ますいの ちゅうしゃを とばします。ふきやより いきおいよく とびます。

ふきや用の ちゅうしゃき

ふきや
もうじゅうに 近づかずに ますいをかけるときに つかいます。口にくわえ、いきをはいて ますいの ちゅうしゃきを とばします。

あみ
ちりょうする どうぶつを つかまえるときに つかいます。ほかにも どうぶつに 合わせて、いろいろな 大きさや 形の あみが あります。

ハイラックス レントゲンをとる

昼休みのあと、しゅじゅつしつに来ました。ハイラックスの　レントゲンをとるためです。しいくいんさんから、足のぐあいが　わるく　歩きにくくなったハイラックスがいるので、しらべてほしいと　いわれていたのです。

ハイラックスの親子。赤ちゃんは、生まれたときには　もう歯が生えていて、2しゅうかんほどで　葉を食べるようになります。

ぐあいのわるいハイラックスを、しいくいんさんが　ケージに入れてつれてきました。ますいをかけてねむらせてから　足をていねいにかんさつします。そのあと、レントゲンをとって　げんいんをしらべ、ちりょうしました。

ケープハイラックス
- 体長●40〜50センチメートル
- 体重●2.5〜5キログラム
- 分布●アフリカ中部と南部の岩場
- くらし●岩山のわれ目などを　すみかにして、草や実、花などを食べる。ゾウと同じ　そせんをもち、つめのつくりなどが　ゾウににている。

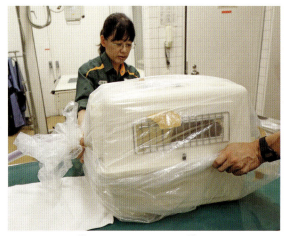

ハイラックスが入っているケージごと　大きなビニールぶくろで　つつみ、ますいのくすりを　おくりこみます。

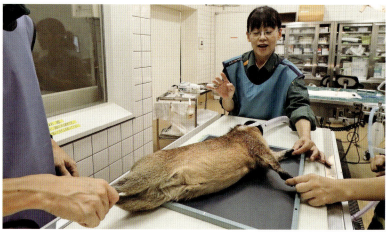

ますいが　かかったら、レントゲンをとる台の上に　のせます。そして、足の　ほねのようすを　レントゲンで　さつえいします。

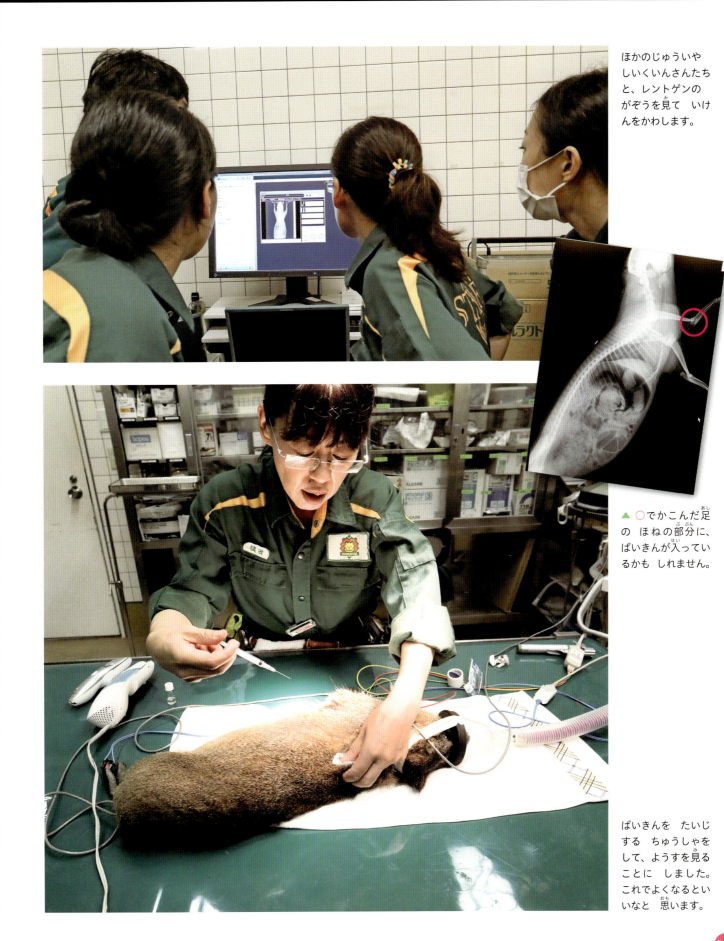

ほかのじゅういや しいくいんさんたちと、レントゲンの がぞうを見て いけんをかわします。

▲ ○でかこんだ足の ほねの部分に、ばいきんが入っているかも しれません。

ばいきんを たいじする ちゅうしゃをして、ようすを見ることに しました。これでよくなるといいなと 思います。

ゾウ　大きな足の　ちりょう

つぎに来たのは、ゾウの家です。
足のつめの下のひふに　ばいきんが入ってしまったので、そのちりょうをするためです。

うんどう場で　水をかけあうゾウたち。足の手入れと　ちりょうは　まい日しています。

ゾウにとって、大きな体をささえる足は　とても大切です。
いたみどめの　ちゅうしゃをするときも、つめの　ちりょうをするときも、ゾウは　おとなしく　ちりょうに　きょうりょくしてくれます。

> **インドゾウ**
> 体長●5.5〜6.4メートル
> 体重●4〜5トン
> 分布●中国南部からインド、東南アジアなどの森林
> くらし●メスを中心にした　10〜20頭のむれでくらす。食べものは草や葉で、おとなは、1日に100キログラムいじょう食べると　いわれている。

ちりょうは、へやにいるときに おこないます。今日のちりょうは いたみがあるので、まず おちつかせるための くすりを 足のつけ根に ちゅうしゃします。

つめの下の ばいきんが 入ったところを、ちりょうしました。いたみをやわらげるためのくすりも ちゅうしゃしたので、ずっと おとなしく足を出していてくれました。

しょうかい！ちりょうの くんれん

どうぶつ園では、どうぶつの ちりょうなどをするときに どうぶつが きょうりょくしてくれるようにする くんれんを おこなっています。「ハズバンダリートレーニング」といいます。ここでは、ゾウのくんれんを しょうかいしましょう。

足のちりょうの くんれん

ゾウのそばに 立っているのが しいくいんさんです。しいくいんさんが、「ウタ（足を上げて）」「チャム（足をおろして）」というと、ゾウは 足を上げて 台にのせます。ゾウがちゃんとできると、「よくできた」という合図に カチッという音を出し、「シャッバース（いいね！）」と 言います。わたしも、「シャッバース」と声をかけて 足のちりょうをします。

クリッカー

「よくできた」という合図の カチッという音を出します。しいくいんさんが つかいます。

ごほうび

じょうずにできたら、ほめながらごほうびのえさを あげます。

ごほうびは、ゾウが大すきな サツマイモです。

どうぶつたちは、いつもおとなしく　ちりょうを　させてくれるわけでは　ありません。とくに　ゾウのように体が大きく　力の強いどうぶつの　ちりょうには　きけんもあります。しかし、ゾウがきょうりょくすることで　ちりょうがやりやすくなるので、くんれんは　ゾウにとっても、ちりょうをする　じゅういにとっても　大切です。こつは、できたら　ほめて、おいしいごほうびを　あげることです。声かけは、インドの言葉をつかいます。

ちゅうしゃになれさせる　くんれん
「コル（耳を広げて）」というと、耳を広げます。ゾウがちゃんとできると　カチッという音を出します。わたしも、「シャッバース（いいね！）」と言いながら耳のうらを　先のとがっていないちゅうしゃきで　つつきます。

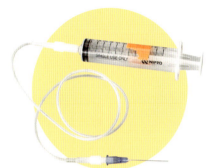

くんれん用の　ちゅうしゃき
先がとがっていない　はりがついています。

ほかにも、「ター（とまれ）」「シャラーム（はなを　上げて）」など、20しゅるいいじょうの言葉がわかります。毎日　くんれんをして、2年くらいで　ちゃんとできるようになりました。

テナガザル　年をとって

夕方、テナガザルの　リツコの家に　ようすを見に来ました。
年をとったため　体が弱って、あまりえさを食べなくなったというのです。

ほかのテナガザルは、外で　きもちよさそうに　すごしています。

リツコは　50年くらい生きています。野生のテナガザルが生きるのは　ふつう30年ほどなので、リツコはとても長生きです。元気になるための　くすりを　てんてきで　体に入れました。

ケージから出したリツコを　しいくいんさんたちに　おさえていてもらい、リツコの　うでに　てんてきのはりを　さしました。

リツコがうごき回って　てんてきの　チューブが　からんでしまわないように、リツコを　ケージの中に入れて　てんてきをしました。

ボウシテナガザル

体長 ● 45～60センチメートル
体重 ● 4キログラム
分布 ● 東南アジアの森
くらし ● かぞくでくらし、くだものや木の葉を食べる。ほとんど地上におりず、一生　高い木の上ですごす。森がへり、ぜつめつがしんぱいされている。

ヤブイヌ　おもい　びょうきになって

さいごに　やって来たのは、ヤブイヌの家です。
おもい　びょうきになり、えさが　食べられなくなっているからです。

けんこうなヤブイヌは、むっちりとした体をしています。

しんぱいしている　しいくいんさんに、「ようすを　見まもってあげましょう」と　つたえました。

やせて　あまり動けなくなり、水ものめません。少しでも元気になるように、体に　水分を入れる　ちゅうしゃを　しました。

びょうきのヤブイヌは　元気がなく、ちゅうしゃをしてもあばれることさえできません。

ヤブイヌ
- 体長 ● 66センチメートル
- 体重 ● 5～7キログラム
- 分布 ● 南アメリカ北部の森や草原
- くらし ● 10頭くらいのむれをつくり、森や草原の水べでくらす。小さいどうぶつや鳥、魚などを食べる。むれで　かりをすることもある。

今日のちりょうは、これでおしまいです。どうぶつ園の中にある　どうぶつびょういんにもどって　ちりょう日記を書き、おふろに入ってから　かえります。どうぶつの体には人間の　びょうきのもとになる　ものが　ついていることがあるので、かならず　体をあらってから　かえります。

けんこうを まもるために

わたしたち じゅういのしごとは、どうぶつのけんこうを まもることです。そのために、毎日(まいにち) どうぶつの体(からだ)をかんさつし、びょうきにかかったり けがをしたりしたときは ちりょうをしています。

タカノリという名前(なまえ)のペンギンです。赤(あか)ちゃんのとき、しいくいんさんに そだてられたので、人(ひと)に とてもよくなれています。

ちょっとした びょうきや けがでも、いのちに かかわることがあります。

また、びょうきや けがをした どうぶつは、うんどう場(じょう)に出(で)ることができず、じゅうぶんなうんどうができません。

わたしたちは、たくさんの人(ひと)たちに どうぶつのすがたを見(み)てもらいたいと思(おも)っています。どうぶつたちのすがたをちょくせつ見(み)ることで、どうぶつに きょうみをもち、すきになってもらいたいと思(おも)っています。

うんどう場を走るチーター。どうぶつたちの元気なすがたを見ることが何よりのよろこびです。

ぐあいのわるかった どうぶつが、しんでしまうこともあります。そんなときは、とてもかなしくなります。はんたいに、びょうきだった どうぶつが 元気になったときは、とてもうれしくなります。

これからも しいくいんさんたちと きょうりょくして、どうぶつたちの けんこうをまもりたいと思います。

解説

病気やけがを治す仕事

　動物園獣医師の仕事で、みなさんがもっとも想像しやすいのが、病気やけがの治療でしょう。獣医師には、ペットや家畜を診る獣医師もいますが、そうした獣医師と動物園獣医師ではまったく違う点があります。

　それは、治療する動物が野生動物であること、また、扱う動物の種類がとても多いことです。ペットや家畜の治療には、長年研究され蓄積されてきた知識と経験がありますが、野生動物に関しては、症例が圧倒的に少ないのが現状です。また、各動物専用の薬や治療道具などもありません。そのため、どのような治療も試行錯誤と工夫の連続で、国内外の獣医師や研究者と情報を交換しあって最善を尽くしています。

　また、野生動物は体調が悪いことを隠します。それは、体調が悪くて群れから離れると敵に襲われる危険が増えますし、体調不良に気づかれると群れでの地位も下がるからです。
　このように野生動物の体調不良には気づきにくいため、健康なときの観察が重要になります。ふだんのようすをよく見ておくことで、不調に気づくことができるようになるのです。また、毎日担当動物を観察している飼育員(動物飼育技術者)との情報交換がとても大切です。

　治療には、全身麻酔や保定（動かないようにおさえること）が必要な場合が多いのですが、動物を採血などに慣れさせるハズバンダリートレーニングによって、麻酔や保定をしないで簡単な治療や採血などをすることができるようになる動物もいます。
　全身麻酔には危険も伴いますし、ゾウのように保定ができない動物もいるので、ハズバンダリートレーニングはとても有効です。

　このように、動物園獣医師の治療には野生動物ならではの工夫が必要ですが、動物たちの健康を守るために日々努力を続けています。みなさんにとって、世界中の野生動物を直接見ることが、生きものに興味をもつきっかけになればと願っています。

どうぶつ園のじゅういシリーズ　全 3 巻

植田美弥 監修

動物園の獣医には、いろいろな仕事があります。動物たちの病気やけがを治し、赤ちゃんを守り、絶滅から救う仕事などです。動物園の獣医の一日の仕事を紹介しながら、小動物から大きな動物、小鳥から猛獣まで、ふだん見ることのできない、さまざまな動物たちの治療や診察のようすを解説しています。見返しでは、動物の実際の大きさも紹介しています。

びょうきや けがを なおす しごと
第 ❶ 巻

チーターやペンギンの採血、ワラビーの抜歯、インドライオンの手術、小さなモルモットや大きなゾウの治療、ハイラックスのレントゲン撮影のようすなどを紹介しています。また、獣医のさまざまな仕事道具や、動物が治療などに慣れるためのトレーニングのようすも紹介しています。

チーター／ペンギン／ワラビー／カンガルー／ライオン／インドライオン／モルモット／ハイラックス／ゾウ／テナガザル／ヤブイヌ

赤ちゃんを まもる しごと
第 ❷ 巻

群れで子育てをするミーアキャットやニホンザル、オカピやエランドやテングザルの出産、ドゥクラングールやリカオンやカワウソの人工哺育、甘えん坊のチンパンジーのようすなどを紹介しています。また、人工哺育の道具や、獣医のさまざまな仕事場も紹介しています。

ミーアキャット／オカピ／ドゥクラングール／リカオン／ニホンザル／チンパンジー／エランド／テングザル／カワウソ

ぜつめつから すくう しごと
第 ❸ 巻

絶滅が心配されているオランウータンの人工哺育やツシマヤマネコの健康診断、イノシシの妊娠判定、キリンやサイやホッキョクグマの繁殖のための輸送、トラの出産やレッサーパンダの手術のようすなどを紹介しています。また、保護された身近な野生動物たちの治療や、動物を絶滅から救うための国境をこえた作戦も紹介しています。

オランウータン／イノシシ／ツシマヤマネコ／キリン／サイ／トラ／ホッキョクグマ／ウンピョウ／レッサーパンダ

※「どうぶつ園のじゅうい」シリーズでは、動物名を大きなグループの名前で紹介しています（例：ペンギン）。それぞれの動物の情報コーナーでは種名で紹介しています（例：フンボルトペンギン）。

どうぶつ園のじゅうい

びょうきや けがを なおす しごと

初版発行　2017 年 2 月　　第 10 刷発行　2024 年 9 月

【編集スタッフ】
編集─────アマナ／ネイチャー＆サイエンス（佐藤 暁）
　　　　　　中野富美子
撮影─────福田豊文
写真提供───公益財団法人 横浜市緑の協会
　　　　　　よこはま動物園ズーラシア
取材協力───よこはま動物園ズーラシア
　　　　　　（村田浩一・植田美弥・須田朱美・
　　　　　　上田佳世・青柳さなえ）
文──────中野富美子
イラスト───ニシハマカオリ
ブックデザイン─椎名麻美

監修─────植田美弥
発行所────株式会社 金の星社
　　　　　　〒111-0056　東京都台東区小島 1-4-3
　　　　　　TEL 03-3861-1861（代表）　FAX 03-3861-1507
　　　　　　振替 00100-0-64678　ホームページ https://www.kinnohoshi.co.jp
印刷─────株式会社 広済堂ネクスト
製本─────東京美術紙工

NDC480　32 ページ　26.6cm　ISBN978-4-323-04174-2
©amana, 2017　Published by KIN-NO-HOSHI-SHA, Tokyo, Japan
■乱丁落丁本は、ご面倒ですが小社販売部宛ご送付下さい。送料小社負担にてお取替えいたします。

JCOPY　出版者著作権管理機構 委託出版物

本書の無断複写は著作権法上での例外を除き禁じられています。複写される場合は、そのつど事前に、出版者著作権管理機構（電話 03-5244-5088、FAX 03-5244-5089、e-mail: info@jcopy.or.jp）の許諾を得てください。
※本書を代行業者等の第三者に依頼してスキャンやデジタル化することは、たとえ個人や家庭内での利用でも著作権法違反です。

ボルネオオランウータンの赤ちゃん
(『ぜつめつから すくう しごと』7ページ)
おとなしいどうぶつですが、おとなになると 力が
とても強くなるので、ちゅういが ひつようです。

リカオンの赤ちゃん
(『赤ちゃんを まもる しごと』16ページ)
子犬のように見えますが、あごが大きく
かむ力が強いので、せいちょうしたら
気をつけなくてはなりません。